星・星座の クイズ図鑑

新装版

星・星座のクイズ
100問！
いくつ答えられるかな？

星・星座のクイズ図鑑 もくじ

★四季の星座

クイズ 1 ●星座は全天にいくつあるの？ …… 6

クイズ 2 ●星座は1時間にどれくらい動くの？ …… 10

クイズ 3 ●北斗七星のある星座は何座？ …… 14

クイズ 4 ●北極星が動かないのはなぜ？ …… 18

クイズ 5 ●この星座はなに？ …… 22

クイズ 6 ●この星座はなに？ …… 23

クイズ 7 ●「夏の大三角」の正しい組み合わせは？ …… 26

クイズ 8 ●最大の星座はどれ？ …… 30

クイズ 9 ●この星座はなに？ …… 34

クイズ10 ●この星座はなに？ …… 35

クイズ11 ●この星座はなに？ …… 38

クイズ12 ●この星座はなに？ …… 39

クイズ13 ●ペルセウス座の神話に出てくるメドゥーサの特徴は？ …… 42

クイズ14 ●ペルセウスがたおした怪物は？ …… 46

クイズ15 ●この星座はなに？ …… 50

クイズ16 ●この星座はなに？ …… 51

クイズ17 ●この星座はなに？ …… 54

クイズ18 ●この星座はなに？ …… 55

クイズ19 ●「冬の大三角」の正しい組み合わせは？ …… 58

クイズ20 ●おうし座のプレアデス星団の日本の名前は？ …… 62

クイズ21 ●ふたご座の双子は何から生まれた？ …… 66

クイズ22 ●この星座はなに？ …… 70

クイズ23 ● この星座はなに？ 71

クイズ24 ● 全天の1等星の数は？ 74

クイズ25 ● こと座になっているたて琴の持ち主は？ 74

クイズ26 ● 誕生星座にない星座は？ 74

クイズ27 ● 2つに分かれている星座は？ 74

クイズ28 ● おとめ座の1等星は？ 75

クイズ29 ● 天球上の太陽の通り道は？ 75

クイズ30 ● 実際にはない星座は？ 75

クイズ31 ● 実際にある星座は？ 75

クイズ32 ● 春の星座でないのは？ 78

クイズ33 ● 夏の星座でないのは？ 78

クイズ34 ● 秋の星座でないのは？ 78

クイズ35 ● 冬の星座でないのは？ 78

クイズ36 ● カシオペヤ座の日本でのよび名は？ 79

クイズ37 ● オリオン座の日本でのよび名は？ 79

★太陽系

クイズ38 ● 太陽の直径は地球の何倍？ 82

クイズ39 ● 太陽の「黒点」はなぜ黒い？ 86

クイズ40 ● 月の表面はどれ？ 90

クイズ41 ● 月のでき方の有力な説は？ 94

クイズ42 ● 月の大きさは地球の何分の1くらい？ 98

クイズ43 ● 日食が起きるのはどの関係にあるとき？ 102

クイズ44 ● 皆既日食と関係のある日本の神様は？ 106

クイズ45 ● 「よいの明星」「明けの明星」とよばれる惑星は？ ... 110

クイズ46 ● 太陽系最大の火山があるのは？ 114

クイズ47 ● 木星の「大赤斑」の正体は？ 118

クイズ48 ● 環のある惑星は土星のほかにいくつある？ 122

3

クイズ49 ● 流星群があらわれる原因は？ 126

クイズ50 ● 彗星はどこからやってくる？ 130

クイズ51 ● 彗星の核の正体はなに？ 134

クイズ52 ● 太陽まで新幹線で行くとどれくらいかかる？ 138

クイズ53 ● 月まで新幹線で行くとどれくらいかかる？ 138

クイズ54 ● 太陽系の惑星の数はいくつ？ 138

クイズ55 ● 太陽系最大の惑星は？ 138

クイズ56 ● 太陽系最小の惑星は？ 139

クイズ57 ● 地球のようにつくりが岩石ではない惑星は？ 139

クイズ58 ● 木星のガリレオ衛星でないのは？ 139

クイズ59 ● 小惑星帯のある軌道は？ 139

クイズ60 ● 大気のない惑星は？ 142

クイズ61 ● 太陽から見て横だおしのままで公転している惑星は？ 142

クイズ62 ● 海王星の発見者は？ 142

クイズ63 ● 冥王星の発見者は？ 142

クイズ64 ● 冥王星の分類は？ 143

クイズ65 ● 水星の1年は地球の何日？ 143

クイズ66 ● 海王星の1年は地球の何年？ 143

クイズ67 ● ハレー彗星のやってくる周期は？ 143

★恒星と銀河

クイズ68 ● いちばん温度の高い恒星は？ 146

クイズ69 ● オリオン座大星雲はどれ？ 150

クイズ70 ● くじら座のミラの特徴は？ 154

クイズ71 ● 「天の川」の星の数はいくつある？ 158

クイズ72 ● アンドロメダ銀河はどれ？ 162

クイズ73 ● 太陽にいちばん近い恒星は？ 166

クイズ74 ● オリオン座大星雲までの距離は？ 166

クイズ75 ● 全天でいちばん明るいシリウスの本当の大きさは？ …… 166

クイズ76 ● パルサーとよばれる星の正体は？ …… 166

クイズ77 ● 銀河系にいちばん近い銀河は？ …… 167

クイズ78 ● 恒星が光るのは？ …… 167

クイズ79 ● 地球と重さ（質量）が同じブラックホールの大きさは？ …… 167

クイズ80 ● ブラックホールの候補といわれている星は？ …… 167

★宇宙開発

クイズ81 ● 国際宇宙ステーションの日本の実験棟の名前は？ …… 170

クイズ82 ● NASAの宇宙望遠鏡の名前は？ …… 174

クイズ83 ● 宇宙服のねだんは？ …… 178

クイズ84 ● 日本のすばる望遠鏡の口径は？ …… 182

クイズ85 ● 探査機「はやぶさ」が訪れた小惑星は？ …… 186

クイズ86 ●「ロケットの父」といわれるロシア人は？ …… 190

クイズ87 ●「日本のロケット開発の父」といわれる人は？ …… 190

クイズ88 ●『月世界旅行』を書いた小説家は？ …… 190

クイズ89 ● 望遠鏡で初めて月や木星を見た人は？ …… 190

クイズ90 ● 反射望遠鏡の発明者は？ …… 191

クイズ91 ● 世界初の人工衛星の名前は？ …… 191

クイズ92 ● 日本初の人工衛星の名前は？ …… 191

クイズ93 ● 世界で最初に宇宙飛行をした人は？ …… 194

クイズ94 ● 初めて月をまわった日本の探査機は？ …… 194

クイズ95 ● 月面に初めて立った宇宙飛行士は？ …… 194

クイズ96 ● アポロ11号を打ち上げたロケットの名前は？ …… 194

クイズ97 ● 初めて宇宙に打ち上げられたスペースシャトルの機名は？ …… 195

クイズ98 ● 国際宇宙ステーションの高度は？ …… 195

クイズ99 ● 日本の気象衛星の名前は？ …… 195

クイズ100 ● 日本のロケット打ち上げ場がある島は？ …… 195

あるの？

1. 88個
2. 111個
3. 222個

星座の半分以上が古代ギリシアの時代につくられ、神話に登場する神や英雄や動物たちの姿をしています。

星★星座クイズ 四季の星座

クイズ1 答え 1 88個

※アイウエオ順です。

	星座名
1	アンドロメダ座
2	いっかくじゅう座
3	いて座
4	いるか座
5	インディアン座
6	うお座
7	うさぎ座
8	うしかい座
9	うみへび座
10	エリダヌス座
11	おうし座
12	おおいぬ座
13	おおかみ座
14	おおぐま座
15	おとめ座
16	おひつじ座
17	オリオン座
18	がか座
19	カシオペヤ座
20	かじき座

21	かに座
22	かみのけ座
23	カメレオン座
24	からす座
25	かんむり座
26	きょしちょう座
27	ぎょしゃ座
28	きりん座
29	くじゃく座
30	くじら座
31	ケフェウス座
32	ケンタウルス座
33	けんびきょう座
34	こいぬ座
35	こうま座
36	こぎつね座
37	こぐま座
38	こじし座
39	コップ座
40	こと座
41	コンパス座

42	さいだん座	65	へびつかい座
43	さそり座	66	ヘルクレス座
44	さんかく座	67	ペルセウス座
45	しし座	68	ほ座
46	じょうぎ座	69	ぼうえんきょう座
47	たて座	70	ほうおう座
48	ちょうこくぐ座	71	ポンプ座
49	ちょうこくしつ座	72	みずがめ座
50	つる座	73	みずへび座
51	テーブルさん座	74	みなみじゅうじ座
52	てんびん座	75	みなみのうお座
53	とかげ座	76	みなみのかんむり座
54	とけい座	77	みなみのさんかく座
55	とびうお座	78	や座
56	とも座	79	やぎ座
57	はえ座	80	やまねこ座
58	はくちょう座	81	らしんばん座
59	はちぶんぎ座	82	りゅう座
60	はと座	83	りゅうこつ座
61	ふうちょう座	84	りょうけん座
62	ふたご座	85	レチクル座
63	ペガスス座	86	ろ座
64	へび座（頭）	87	ろくぶんぎ座
	へび座（尾）	88	わし座

星★星座クイズ **四季の星座**

クイズ2 星座は１時間に

星や星座はつねに同じ速さで動いています。全天は360度、角度で表すと１時間にどれくらい動く？

1 5度

2 15度

3 25度

オリオン座の動き　カメラのシャッターをしばらく開けたままで写すと、星の動いたあとが写ります。

どれくらい動くの？

星★星座クイズ 四季の星座

クイズ2 答え ❷ 15度

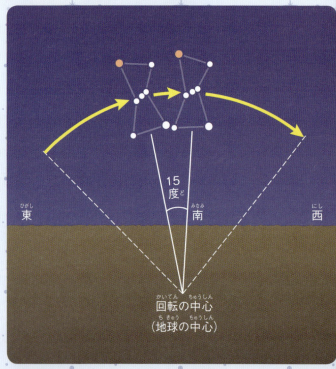

　南の空の星座（上はオリオン座）を観察していると、見える位置が少しずつ西の方へ動くのがわかります。その速さはつねに同じで1時間に15度動きます。（ちなみに月の大きさは、角度で表すと0.5度です）

星の日周運動

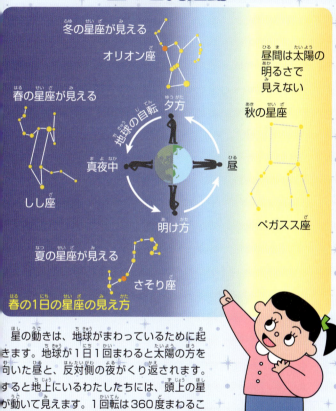

星の動きは、地球がまわっているために起きます。地球が1日1回まわると太陽の方を向いた昼と、反対側の夜がくり返されます。すると地上にいるわたしたちには、頭上の星が動いて見えます。1回転は360度まわることなので、1日の24（時間）でわると、1時間で15度動くことになります。

北斗七星のある

北斗七星

星座は何座？

ひしゃくの形で有名な北斗七星は、じつはある星座の一部分。どの星座かわかりますか？

1. いて座
2. おおぐま座
3. やぎ座

星★星座クイズ 四季の星座

クイズ3 答え ② おおぐま座

北斗七星

おおぐま座

おおぐま座は、大きな熊の姿をかたどった星座です。日本ではひしゃくですが、外国ではフライパンや、馬車などに見立てられています。

▲ボーデ古星図のおおぐま座

北斗の星時計

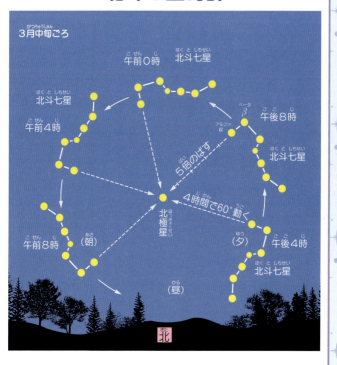

　北斗七星は、日周運動によって北極星のまわりを1日1回まわっています。1時間に15度ずつ回転するので、この動きを時計の針に見立てると、回転した角度でおよその時間を知ることができます。

のはなぜ？

北極星は、ほぼ真北の空にあって、ほとんど動きません。ほかの星は動くのになぜでしょう？

北の空の星の動き　中心近くにある星（矢印）が北極星です。わずかに動いていますが、見た目にはほとんど動かない星です。

1 天の赤道上にあるから

2 すごく遠くにあるから

3 地軸をのばした方向にあるから

19

星★星座クイズ 四季の星座

クイズ4 答え ③ 地軸をのばした方向にあるから

天球と星の動き

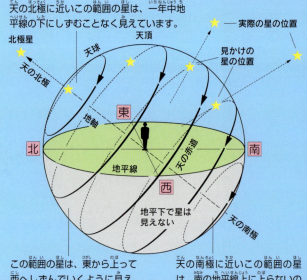

天の北極に近いこの範囲の星は、一年中地平線の下にしずむことなく見えています。

― 実際の星の位置

見かけの星の位置

北極星／天球／天頂／天の北極／東／地軸／北／地平線／天の赤道／西／南／地平下で星は見えない／天の南極

この範囲の星は、東から上って西へしずんでいくように見え、出没をくりかえしています。

天の南極に近いこの範囲の星は、南の地平線上に上らないので、全く見ることができません。

星空はまるでおわんをかぶせたように、頭上におおいかぶさって見えます。これを天球といい、星々は天球上を地球の自転とともに動いていきます。北極星は、回転する地球の軸（地軸）をのばした真北の方向にあるため、ほかの星と違って動くことがないのです。

北斗七星と北極星

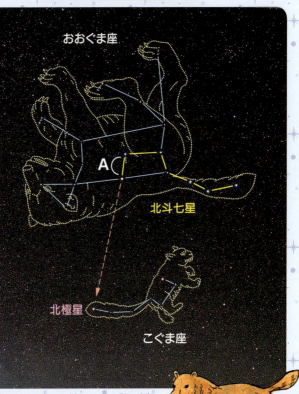

　北斗七星のひしゃくの先の2つの星の長さ（A）を5倍にのばすと北極星がみつけられます。おおぐま座と北極星のあるこぐま座とは神話では母子の熊として伝えられています。

星★星座クイズ 四季の星座

クイズ5 この星座はなに？

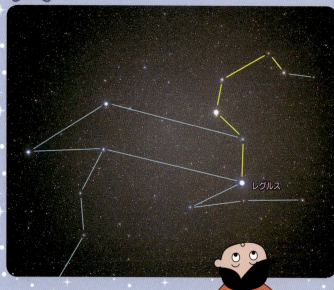

1. うさぎ座
2. やぎ座
3. しし座

動物の姿を表した星座です。どんな動物に見えますか？

クイズ6 この星座はなに？

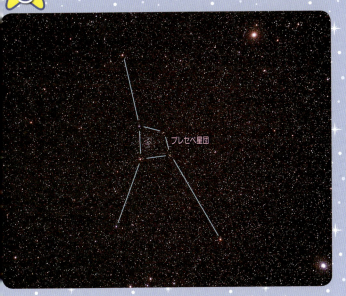

1. いるか座
2. かに座
3. うお座

　水のあるところにすむ生き物の姿で、6月から7月にかけての誕生星座になっています。プレセペ星団という星の集まりがあります。

星★星座クイズ 四季の星座

クイズ5 答え ③ しし座

▲しし座　大きなライオン(獅子)の絵姿です

しし座の目じるし

　しし座の頭から胸にかけてある1等星レグルスをふくむ6個の星は、ちょうど疑問符の？マークを裏がえしたようにならんでいます。これは西洋で使われる草刈りがまに似ているので「ししの大がま」とよばれていて、しし座をさがすよい目じるしになります。

クイズ6 答え ② かに座

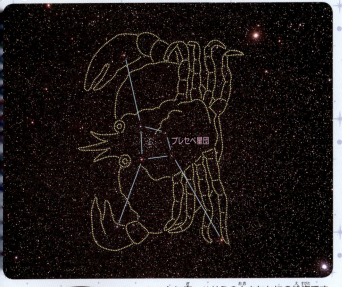

▲かに座 ハサミの大きなかにの絵姿です。

このかには、ギリシア神話では、英雄ヘルクレスが怪物と戦っている最中に、ヘルクレスの足をはさもうとして、つぶされてしまう悪役のお化けがにです。

◀プレセペ星団 美しい星の集まりで、双眼鏡で見るとハチの群れのような星の集団が輝いて見えます。

星★星座クイズ 四季の星座

クイズ 1 「夏の大三角」の

夏の星空にひときわ目立つ3つの星を結んでつくる三角形が「夏の大三角」です。デネブ以外の2つの星は？

1 デネブ
 ベガ
 アルタイル

2 デネブ
 スピカ
 アルクトゥルス

3 デネブ
 ベテルギウス
 アルタイル

正しい組み合わせは？

こと座

夏の大三角

わし座

星★星座クイズ 四季の星座

クイズ1 答え

1 デネブ・ベガ・アルタイル

ベガ　こと座

夏の大三角

デネブ

はくちょう座

アルタイル

わし座

きれいだね。

3つの星とも1等星ですが、明るさは、青白く輝くこと座のベガが一番です。ベガは七夕伝説の織女星、アルタイルは牽牛星としても有名です。

夏の星座のさがし方

夏の星空の星座さがしは「夏の大三角」からはじめると便利です。この三角形の辺や形をいろいろな方向にのばせば、まわりのかんむり座、へびつかい座、さそり座、いて座などをみつけられます。

星★星座クイズ 四季の星座

クイズ8 最大の星座はどれ？

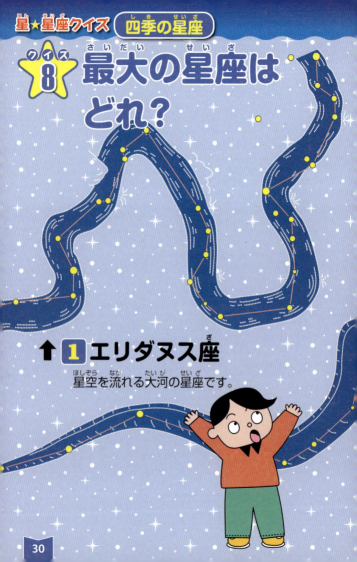

↑ 1 エリダヌス座
星空を流れる大河の星座です。

下は3つとも大きくくねくねした星座です。
星空で一番の面積をもつ星座はどれでしょう。

← 2 うみへび座

春の空にかかる大きな
へびの姿の星座です。

↑ 3 りゅう座

北極星の近くにあり、神話ではい
ねむり上手の竜といわれています。

星★星座クイズ 四季の星座

クイズ8 答え ② うみへび座

▶ヘルクレスの
ヒドラ退治

春の南の空の低いところにかかります。
東西が100度以上ある最大の星座です。

ギリシア神話では星座の正体は、9つの首と猛毒をもつヒドラという水蛇といわれています。ヒドラ退治にでかけた英雄ヘルクレスは、ヒドラの首を切っても切っても、また首がはえてくるので苦戦します。しかし、お共のイオラオスが、首を切ったところに松明の火をこすりつけると、もう首ははえてこず、ヘルクレスは見事ヒドラを退治したと伝えられています。

星★星座クイズ 四季の星座

クイズ9 この星座はなに？

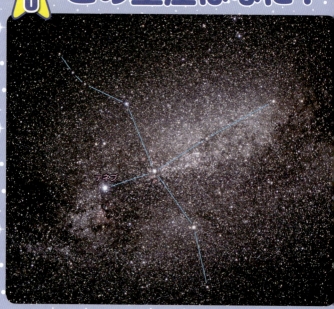

1. はと座
2. はくちょう座
3. つる座

冬になると、日本にやってくる生き物です。１等星デネブは「夏の大三角」のひとつです。

クイズ10 この星座はなに？

アルタイル
(牽牛星)

1. わし座
2. こと座
3. おうし座

この星座の1等星アルタイルは、日本では七夕の彦星（牽牛星）とよばれています。

星★星座クイズ 四季の星座

クイズ9 答え ② はくちょう座

▲はくちょう座 大きな十字架に見えるので「北十字」ともよばれています。

神話では、この白鳥の正体は大神ゼウスといわれています。スパルタ王国の美しい王妃レダを好きになったゼウスは、なんとかレダに近づこうと白鳥に姿を変えます。レダは白鳥の優雅な姿にすっかり気をゆるしたということです。

答え ① わし座

▲わし座　アルタイルは日本では七夕の牽牛星です。

七夕のお話
　天の川の対岸に住む働きものの牽牛と織女は、結婚すると仕事はそっちのけで遊びくらすようになりました。怒った天帝は、2人をもとの天の川の両岸にもどし、1年のうち7月7日の夜だけ会うことをゆるしました。七夕とは、1年に1度の2人のデートの日なのです。

星★星座クイズ 四季の星座

クイズ11 この星座はなに?

1. へびつかい座
2. うしかい座
3. ヘルクレス座

ギリシア神話の中で数々の大冒険をした英雄が逆さまになった姿の星座です。

クイズ12 この星座はなに？

北極星

1. りゅう座
2. みずへび座
3. ほうおう座

北極星を取り囲むようにある星座で、東洋でもおなじみの伝説の動物の姿をしています。

星★星座クイズ 四季の星座

クイズ11 答え ③ ヘルクレス座

▲ヘルクレス座 こと座ベガのとなりにあります。

英雄ヘルクレスは、大神ゼウスが妃のヘラ女神以外の女性に産ませた子でした。そのためヘラ女神の呪いを受け、幸せとはいえない一生を送りました。星座が目立たないのも呪いのためといわれています。

クイズ12 答え ① りゅう座

こぐま座　北極星

▲りゅう座　こぐま座のまわりにある大きな星座です。

いねむりした竜
　この竜は大神ゼウスのたいせつな黄金のリンゴを見はる役目でしたが、あるときうっかりいねむりをしてリンゴを盗まれてしまいます。しかし、長年の働きをねぎらって、ゼウスに星座にしてもらったということです。

星★星座クイズ 四季の星座

クイズ13 ペルセウス座の神話に出てくるメドゥーサの特徴は？

その顔を見た者は、恐ろしさのあまり石に変わってしまうという怪物メドゥーサとは？

1 首が5つある

2 髪の毛がヘビ

3 頭がワニ

答え ② 髪の毛がヘビ

ペルセウス座の勇士ペルセウスが戦ったメドゥーサは、恐ろしい顔に髪の毛のすべてがヘビで、見た者を石に変えるという怪物でした。ペルセウスは、怪物の顔を直接見ないように鏡のようにみがいた楯にうつった姿を見ながら、見事メドゥーサの首をはねました。

メドゥーサ

星★星座クイズ 　四季の星座

ペルセウスが

▲ペルセウス座　勇者ペルセウスの星座です。

たおした怪物は？

ペルセウス座のペルセウスは、怪物のえじきにされそうになっていたアンドロメダ姫を救います。さてその怪物とは？

1 怪物くじら
2 怪物うみへび
3 怪物たこ

▲怪物と戦うペルセウス。その怪物とは？

47

星★星座クイズ 四季の星座

クイズ14 答え ① 怪物くじら

ペルセウス

アンドロメダ姫

怪物くじら

▲アンドロメダの救出　イタリアの画家ピエロ・ディ・コジモ（1462〜1521）の作品です。

アンドロメダ姫を救うペルセウス

ペルセウスは、怪物メドゥーサを退治した帰り道、海岸近くを通ると、いままさに怪物くじらに食べられそうになっているアンドロメダ姫をみつけました。ペルセウスは勇敢にも、怪物くじらの前に立ちふさがると、怪物の目の前にメドゥーサの首を差し出しました。メドゥーサはその顔を見た者はすべて石になってしまうという怪物ですからたまりません。怪物くじらはたちまち石となりはて、海岸の小島に変わってしまったということです。

▲くじら座の絵姿　わたしたちの知っているくじらとは違う、想像上の怪物です。星座絵は、いろいろな姿で描かれています。

クイズ15 この星座はなに?

有名な大銀河と同じ名前の秋の星座です。

1. ケフェウス座
2. ケンタウルス座
3. アンドロメダ座

クイズ16 この星座はなに？

1. ふたご座
2. てんびん座
3. おとめ座

冬の星座で、明るい2つの星が目じるしです。

星★星座クイズ　四季の星座

クイズ15 答え　③ アンドロメダ座

　古代エチオピアの王女アンドロメダの星座です。有名なアンドロメダ銀河M31は、王女の右のわき腹のあたりにあります。双眼鏡などでも見ることができる銀河です。

▼双眼鏡で見たアンドロメダ銀河M31

M31

▲アンドロメダ座　アンドロメダ王女の絵姿の星座です。

1 ふたご座

ポルックス　カストル

▲ふたご座　明るい2つの星と同じ名前の双子の兄弟の星座です。

神話では、双子の兄弟カストルとポルックスはたいへんな仲良し。カストルが亡くなって悲しむポルックスをあわれに思った大神ゼウスが、いっしょにいられるように星座にしたといわれています。

星★星座クイズ 四季の星座

クイズ17 この星座はなに?

北の空で北極星のまわりをまわりつづけています。W字形で有名な星座です。

1 こうま座

2 カシオペヤ座

3 ケフェウス座

クイズ18 この星座はなに？

冬の代表的な星座で、三つ星や大星雲をもつことで有名な星座です。

1. ペルセウス座
2. オリオン座
3. ぎょしゃ座

星★星座クイズ 四季の星座

クイズ17 答え 2 カシオペヤ座

▲**カシオペヤ座** 古代エチオピアのカシオペヤ王妃の姿です。

　W字形で有名ですが、北の空高くにあるときは、M字形といってもよいかもしれません。北極星さがしに便利な星座で、右のようにAとγの長さを5倍にしたところに北極星があります。

クイズ18 答え ② オリオン座

巨人の狩人オリオンの姿のこの星座は、もっともよく知られている星座のひとつです。きれいな三つ星、2つの1等星ベテルギウスとリゲル、肉眼でもぼんやりと見えるオリオン大星雲M42など見どころがいっぱいです。

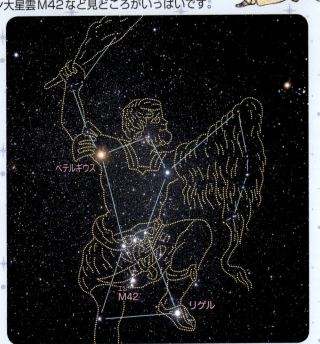

▲オリオン座　中央の三つ星が目じるしになります。

星★星座クイズ 四季の星座

「冬の大三角」の

冬のすみ切った星空に輝く3つの星がつくる三角形。一番明るいのはシリウス、ほかの2つの星は？

こいぬ座

1. シリウス
   ベテルギウス
   アルクトゥルス

2. シリウス
   リゲル
   アンタレス

3. シリウス
   ベテルギウス
   プロキオン

正しい組み合わせは？

オリオン座

冬の大三角

おおいぬ座

シリウス

とても目立って見えるね。

59

クイズ19 答え ③ シリウス・ベテルギウス・プロキオン

冬の大三角

こいぬ座
プロキオン

ベテルギウス

オリオン座

冬の大三角

シリウス

おおいぬ座

　青白く輝くおおいぬ座のシリウス。右上の赤っぽい星は、オリオン座のベテルギウス、もうひとつはこいぬ座の白っぽいプロキオンです。3つとも冬の星空にとてもよく目立つ星です。

60

冬の大三角から星座をさがす

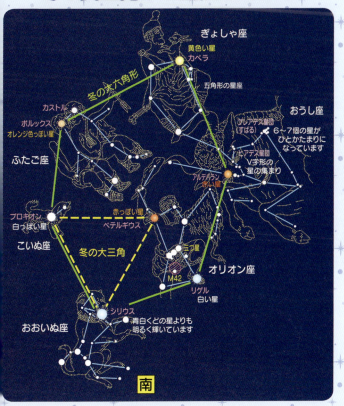

冬の星座さがしは、まず「冬の大三角」からはじめましょう。さらに上の図のように、冬の大六角形をたどることができれば、冬のおもな星座をさがすことができるので、挑戦してみてください。

星★星座クイズ 四季の星座

クイズ20 おうし座のプレアデス星団の日本の名前は？

▶ボーデ古星図のおうし座

おうし座

冬の空にまるでホタルの群れのように輝くプレアデス星団は、昔から日本ではこうよばれています。

1. かぺら
2. かろーら
3. すばる

プレアデス星団

プレアデス星団は、おうし座の肩先で光って見えます。

星★星座クイズ 四季の星座

クイズ20 答え ③ すばる

　日本では古くから「すばる」の名前で親しまれ、平安時代の歌人清少納言も、「枕草子」という作品のなかで「星は昴」とその美しさをたたえています。その正体は「散開星団」という若く青白い星の集まりです。

プレアデス星団

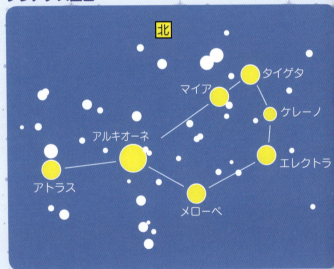

　プレアデス星団は、ふつうの視力の人なら、肉眼で6〜7個の星の群れに見えます。実際の空で数えてみましょう。

▲プレアデス星団　青白い星々は、5000万年くらい前に誕生しました。

星★星座クイズ 四季の星座

クイズ21 ふたご座の双子は

ふたご座のなかよし兄弟カストルとポルックスは、母親のレダから、ちょっと変わった生まれ方をしました、さてその生まれ方は？

◀ボーデの古星図のふたご座

1 レダの皮ふから生まれた
2 レダの産んだ卵から生まれた
3 レダの髪の毛から生まれた

何から生まれた？

この絵の中に正解が描かれています。（答えはつぎのページ）

▲レダと白鳥　レダは２組の双子を産みました（右下と左下）。ポントルモ作。

星★星座クイズ 四季の星座

クイズ21 答え ② レダの産んだ卵から生まれた

▲レダと白鳥（67ページの絵の右下部分）　レダの産んだ卵と双子の兄弟です。

　スパルタ国の王妃レダは、白鳥に変身した大神ゼウスから愛を受け、2つの卵を産み落とします。かた方の卵から生まれたのが双子の兄弟カストルとポルックスでした。もうかた方の卵からは、のちに「トロイ戦争」（神話中の戦争）の原因になった美女ヘレンとクリュテムストラという双子の姉妹が生まれました。

ふたご座の天体

カストル **ポルックス**

ふたご座の兄弟の頭にある明るい星で、それぞれ兄弟の名前がついています。1.6等星のカストルは白っぽく見えますが、1.1等星のポルックスの方は、ややオレンジがかって見えます。

◀散開星団
M35

カストルの足もとあたりにある散開星団という星の集まりで、双眼鏡でもみつけられます。

星★星座クイズ 四季の星座

クイズ22 この星座はなに？

1 おひつじ座
2 きりん座
3 おうし座

2本の角でいどみかかる姿の動物の星座です。

クイズ23 この星座はなに？

明るい星シリウスが目じるしの動物の姿の星座です。

1. おおいぬ座
2. こぎつね座
3. やまねこ座

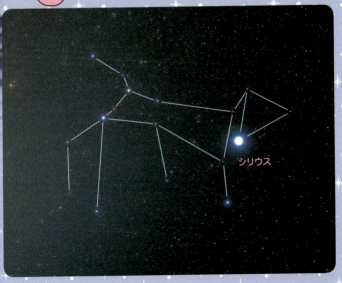

シリウス

星★星座クイズ 四季の星座

クイズ22 答え ③ おうし座

▲おうし座 大きな牡牛の絵姿です。

ゼウスの牡牛

　神話では、牡牛に変身したゼウスは、美しいエウロパ姫を背中に乗せて海を渡り、ある土地に上陸して結婚します。その土地が姫の名にちなんでヨーロッパとよばれるようになったといわれています。

クイズ23 答え ① おおいぬ座

名犬レラプス

　おおいぬ座の名犬レラプスは、あるとき、利口なキツネとの追いかけ合いとなり、勝負がつかなくなりました。そこで、両方が傷つくのをおそれた大神ゼウスは2ひきを石に変え、レラプスの方は星座にしたといわれています。

▲おおいぬ座　口もとのところにシリウスがあります。

星★星座クイズ　四季の星座

クイズ24 全天の1等星の数は？

1 11　2 21　3 31

クイズ25 こと座になっているたて琴の持ち主は？

1 ガニュメデス　2 オルフェウス
3 ヘルクレス

クイズ26 誕生星座にない星座は？

1 おおいぬ座　2 おひつじ座
3 おうし座

クイズ27 2つに分かれている星座は？

1 へび座　2 エリダヌス座
3 うみへび座

クイズ28 おとめ座の1等星は？

1 スピカ
2 カペラ　3 リゲル

クイズ29 天球上の太陽の通り道は？

1 赤道　2 黄道　3 白道

クイズ30 実際にはない星座は？

1 ぼうえんきょう座
2 けんびきょう座　3 めがね座

クイズ31 実際にある星座は？

1 ポンプ座　2 ボイラー座　3 タンク座

星★星座クイズ 四季の星座

クイズ24 答え ② 21

ふたご座のカストルは1.6等で、2等星です。しかし、双子の一方ということで、1等星に加えて22とすることもあります。

クイズ25 答え ② オルフェウス

オルフェウスはギリシア神話中いちばんのたて琴の名手といわれていました。

クイズ26 答え ① おおいぬ座

誕生星座は、黄道上にある12の星座のことです。

クイズ27 答え ① へび座

へび座（頭）とへび座（尾）の間に、へびつかい座があり、2つに分かれています。

頭部
尾部
へびつかい座

クイズ28 答え ① スピカ

カペラはぎょしゃ座、リゲルはオリオン座の1等星です。

クイズ29 答え ② 黄道

白道は、天球上の月の通り道です。

クイズ30 答え ③ めがね座

けんびきょう座は、やぎ座の南に、ぼうえんきょう座は南半球の星空にある星座です。

▼けんびきょう座

▲ぼうえんきょう座

クイズ31 答え ① ポンプ座

18世紀の天文学者ラカイユによって、南半球の空につくられました。

77

星★星座クイズ　四季の星座

クイズ 32 春の星座でないのは？
1 かに座　2 こじし座
3 ペルセウス座

クイズ 33 夏の星座でないのは？
1 はくちょう座　2 ふたご座
3 てんびん座

クイズ 34 秋の星座でないのは？
1 アンドロメダ座　2 ペガスス座
3 しし座

クイズ 35 冬の星座でないのは？
1 ヘルクレス座　2 オリオン座
3 おおいぬ座

クイズ36 カシオペヤ座の日本でのよび名は？

1. あきた星
2. みやぎ星
3. やまがた星

クイズ37 オリオン座の日本でのよび名は？

1. つづみ星
2. たいこ星
3. はごいた星

クイズ32 答え ③ ペルセウス座

ペルセウス座は秋の星空に展開する星座神話の主役です。

クイズ33 答え ② ふたご座

ふたご座は冬の星座で、なかよしの双子の兄弟カストルとポルックスの姿をしています。

クイズ34 答え ③ しし座

春の星座しし座は、英雄ヘルクレスに退治される怪物ライオンの姿です。

クイズ35 答え ① ヘルクレス座

ギリシア神話の英雄ヘルクレスの星座で、夏のよいのころ、ちょうど頭の真上あたりに見えます。

クイズ36 答え ３ やまがた星

昔から愛媛県あたりでは、M字形のならびを山の連なりに見立ててこうよんでいました。

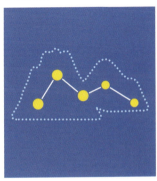

クイズ37 答え １ つづみ星

三つ星をつづみのくびれに見立ててこうよばれていました。（つづみは太鼓に似た和楽器）

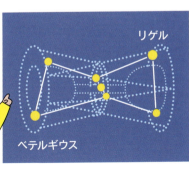

リゲル
ベテルギウス

太陽の直径は

太陽と地球、ここには同じ大きさで紹介しているけれど、本当の大きさの比較は？

太陽 フィルターをつけた望遠鏡で見た太陽のようすです。

地球の何倍？

1 59倍　**2** 109倍　**3** 209倍

地球　アポロ宇宙船から撮影した「水の惑星」地球の姿です。

星★星座クイズ 太陽系

クイズ38 答え ② 109倍

太陽の直径に地球は109個ならびます。体積でくらべると、太陽の中に地球がなんと130万個も入ることになります。しかし、重さは地球の33万倍で、同じ体積でくらべると地球の4分の1ほどです。

すごい大きさね。

↑
地球の大きさ
直径1万2756km

太陽の大きさ
直径139万km

85

星★星座クイズ 太陽系

クイズ39 太陽の「黒点」は

太陽の表面には、ほくろのような黒点（黒い点）が見えることがあり、あらわれたり消えたりしています。その正体は？

1. いん石がぶつかったあとだから
2. まわりより温度が低いから
3. 大きな火山があるから

なぜ黒い？

▲写真は望遠鏡にフィルターをつけてみた太陽表面の黒点のようすです。

星★星座クイズ 太陽系

クイズ39 答え ② まわりより温度が低いから

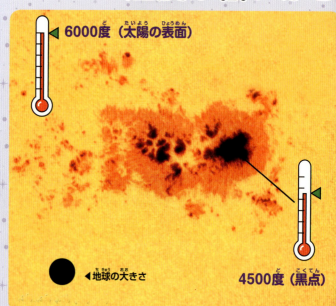

6000度（太陽の表面）

4500度（黒点）

◀地球の大きさ

　高温のガスでできた太陽は内部がつねに流動しているので、強い磁場（磁石のような性質をもつ場所）が生まれます。黒点はこの磁場と関係していると考えられています。黒点の温度も4500度くらいありますが、周囲が6000度と、さらに高く明るい中にあるので比較して黒く見えてしまうというわけです。

黒点のあらわれ方には周期がある

黒点は位置も数もいつも変化していますが、大きな周期で見ると、11年ごとに数がふえたりへったりをくり返しています。黒点の数が多いときは、太陽の活動が活発になります。

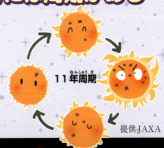

11年周期

提供JAXA

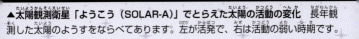

▲太陽観測衛星「ようこう（SOLAR-A）」でとらえた太陽の活動の変化　長年観測した太陽のようすをならべてあります。左が活発で、右は活動の弱い時期です。

星★星座クイズ 太陽系

クイズ40 月の表面はどれ？

地球のただひとつの衛星である月の表面はどれかわかりますか？

↓ 1 たくさんのクレーターがあります。

みんな似ているわ。

↑ 3
探査機が近づいて見たところです。

← 2 クレーターと平らな地形が見えます。

クイズ40 答え 月の表面 → 2

1 は水星の表面
3 は火星の衛星フォボスの表面

月の表側

海 暗いシミのように見える部分です。

月の裏側

地球からは見られない反対側です。クレーターばかりで「海」とよばれる地域がほとんどありません。

月は、いつも同じ面を地球に向けて地球のまわりをまわっています。地球から見える面（表側）には、クレーターのほかに「海」とよばれる平地もたくさん見られます。一方、裏側は表側とようすが違っています。

星★星座クイズ 太陽系

クイズ41 月のでき方の有力な

説は？

地球のただひとつの衛星である月は、どのようにしてできたのでしょう、もっとも有力な説は？

1 地球と同時に微小天体が集まってできた

2 よそからやってきた

3 ほかの天体がぶつかってできた

ハワイでお月見だね！

◀ハワイのマウナケア山からながめた月　山上には各国の天文台がならんでいます。

③ ほかの天体が ぶつかってできた

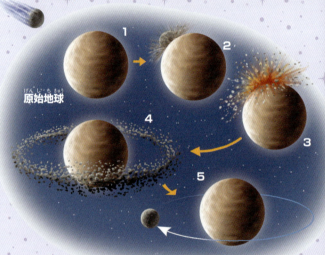

巨大衝突説（ジャイアントインパクト説）

現在もっとも有力な説です。地球が誕生して間もないころ、火星くらいの大きさの天体がしょう突し、そのとき飛び散った両方の天体のマントルの破片が、地球のまわりの軌道上で再び合体して月になりました。

ほかのいろいろな説

古くから考えられているいろいろな説のうち3つを紹介します。

いろいろあるのね。

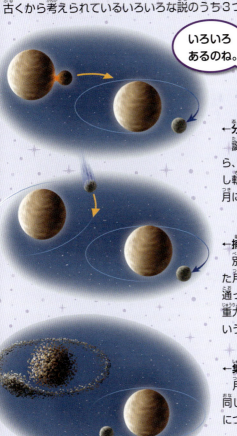

←**分裂説（親子説）**
誕生間もない地球から、その一部が飛び出し軌道をまわりはじめ月になったという説。

←**捕獲説（他人説）**
別のところで生まれた月が、地球のそばを通ったときに、地球の重力にとらえられたという説。

←**集積説（双子説）**
月は地球のまわりで、同じ微小天体から同時につくられたという説。

星★星座クイズ 太陽系

クイズ42 月の大きさは地球の

月は衛星としては、比較的大きいほうです。ここでは同じ大きさで紹介していますが、本当は？

地球　青い海をたたえた水の惑星です。

何分の1くらい？

1 $\frac{1}{2}$　　**2** $\frac{1}{4}$　　**3** $\frac{1}{8}$

月　海も大気もなく、重力も地球ほどありません。

※ 月の「海」とよばれる地域は、水のない平地のことです。

星★星座クイズ 太陽系

クイズ42 答え ② $\frac{1}{4}$（地球の約27％）

月のデータ
- 直径＝約3476km
- 地球からの距離＝約38万4400km
- 公転周期＝約27日と8時間
- 自転周期＝約27日と8時間

　月は地球の直径の約30倍はなれた軌道上をまわっています。地球から見た月の大きさは、太陽の見た目とほぼ同じです。これは月の約400倍の直径をもつ太陽が、地球と月の距離の約400倍離れた距離にあるからです。

▶地球の出　月から見た地球は、地球から見た月の約4倍の大きさに見えます。日本の月探査機「かぐや」のハイビジョンカメラ（HDTV）で撮影した「地球の出」。

提供JAXA／NHK

地球のデータ
- 直径＝約1万2756km
- 太陽からの距離＝約1億4960万km
- 公転周期＝約1年（約365日）
- 自転周期＝約1日（約24時間）

星★星座クイズ 太陽系

クイズ43 日食が起きるのは

日食は下の3つの天体が、ある順番で一直線に

1 地球が太陽と月の間にあるとき

太陽

2 太陽が地球と月の間にあるとき

地球

3 月が太陽と地球の間にあるとき

太陽

102

どの関係にあるとき？

ならんだときに起きます。どれでしょう？

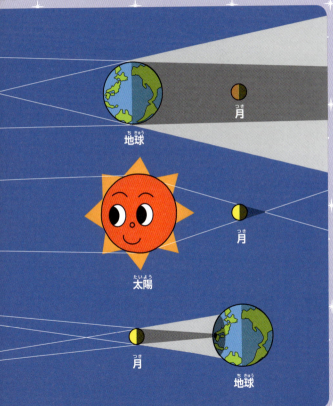

地球

月

太陽

月

月

地球

103

星★星座クイズ 太陽系

クイズ43 答え ３ 月が太陽と地球

日食が起きるのは、新月の位置にある月が太陽をおおいかくすときです。太陽のすべてをかくす「皆既日食」や、「金環日食」が起きるのは、本影がおおう、ごくせまい地域です。半影がおおう地域では「部分日食」が見られます。

ダイヤモンドリング
月のふちの谷間から光がもれて起きる現象です。

の間にあるとき

金環日食
地球から見た月が太陽よりわずかに小さいときに起きます。

皆既日食
地球から見た太陽と月の大きさがほぼ同じなので、3つの天体が一直線上にならぶと起きます。

クイズ44 皆既日食と関係の

日本最古の歴史書『古事記』には「天岩戸神話」というお話があります。その中に登場する太陽の神といわれる神様は？

▶皆既日食の最中と前後の変化のようすです。（場所はトルコ）

1 天照大神
2 大国主の命（大黒様）
3 スサノオの命

ある日本の神様は？

星★星座クイズ 太陽系

クイズ44 答え ① 天照大神（あまてらすおおみかみ）

皆既日食

天岩戸神話（あまのいわとしんわ）

太陽の神である天照大神は、弟のスサノオの命の乱暴者ぶりに、あるとき、とうとう怒りが爆発し、「天岩戸」といわれる洞くつに閉じこもってしまわれた。すると、この世は闇につつまれ昼がこない。困った神々は、考えたあげく天岩戸の前で大宴会を開いた。すると宴会が気になった天照大神が岩戸を少しだけ開けて外をのぞいたそのとき、力自慢の神が岩戸をこじ開けたので、無事、昼の世界がもどったという。このお話は皆既日食のようすをモデルにしているといわれています。

108

星★星座クイズ 太陽系

クイズ 45 「よいの明星」「明けの

よいの明星
　夕暮れの空に輝きます。

110

「明星」とよばれる惑星は？

1 水星　2 金星　3 木星

探査機が近づいてみると、雲でおおわれたこんな惑星でした。

クイズ45 答え **2 金星**

金星の見え方

「よいの明星」は夕方の西の空、「明けの明星」は、明け方の東の空に見える金星をいいます。金星は地球の内側をまわる惑星なので下の図のように地球の夜の側では見えず夕方や明け方のように太陽に近い側でしか見ることができません。

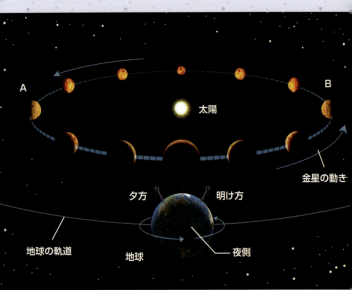

▲**金星と地球の関係** 金星が太陽の東側（Aの位置）にきたときには、「よいの明星」に、反対の西側（Bの位置）にきたときには、「明けの明星」として見えます。金星も図のように、地球から見て満ち欠けをしています。

金星の正体

▼金星を訪れた探査機「マゼラン」による画像

　金星は、つねに硫酸の雲でおおわれているので（111ページの写真）、地球からは、表面のくわしいようすはわかりません。上の写真は金星探査機「マゼラン」のデータをもとにコンピュータによって合成した画像です。マゼランは熱く乾燥し活発な火山活動をおこしている「しゃく熱地獄」のような金星の環境をとらえました。

113

星★星座クイズ　太陽系

クイズ 46 太陽系最大の火山があるのは？

太陽系の惑星や衛星の中で最大の火山はオリンポス山。なんと富士山の6.6倍もの高さがあります。この大火山があるのは？

1 水星

2 火星

3 木星の衛星イオ

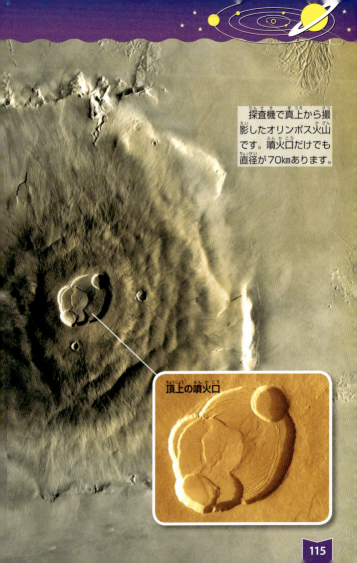

探査機で真上から撮影したオリンポス火山です。噴火口だけでも直径が70kmあります。

頂上の噴火口

星★星座クイズ 太陽系

クイズ46 答え ② 火星

火星

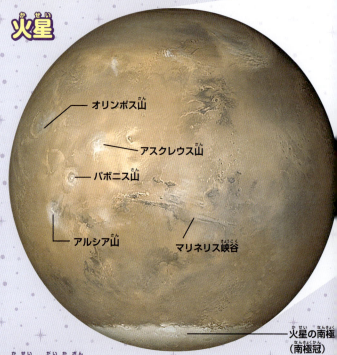

- オリンポス山
- アスクレウス山
- パボニス山
- アルシア山
- マリネリス峡谷
- 火星の南極（南極冠）

火星の大火山

　火星のオリンポス山は、高さが約25000m、すそ野の直径は600kmあり、太陽系最大の大きさをほこっています。火星にはほかにもいくつもの巨大な火山があり、上の写真の３つならんだ火山も台地からの高さが約17000mあります。

火星の地形

左は火星を高さの違いで色分けした図で、低い方から青、緑、黄、赤、白の順になっています。4つの大火山の高さや大峡谷の深さがきわだっています。

巨大な峡谷もある

▲マリネリス峡谷　火星の赤道付近を東西に走る大峡谷で、長さが約4000km、最大幅約100km、深さ約7000mあります。地殻変動でできたと考えられています。

星★星座クイズ 太陽系

クイズ47 木星の「大赤斑」の正体は？

木星の大赤斑は1664年に発見されて以来、消えることなくずっと見えつづけています。その正体にいちばん近い現象は？

1 オーロラ
2 火山の噴火
3 台風

▼大赤斑　地球3個分の大きさです。

大赤斑

星★星座クイズ 太陽系

クイズ47 答え ③ 台風

大赤斑は台風のような渦

木星は、ガスでできた巨大な惑星です。大赤斑は、木星の大気のガスの上に発生し、ちょうど台風のように渦をつくる現象と考えられています。

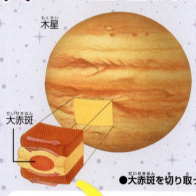

木星
大赤斑

●大赤斑を切り取ったところ

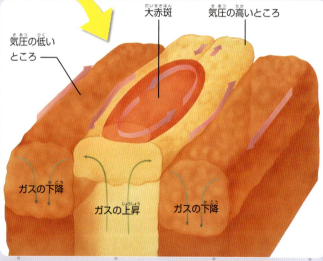

気圧の低いところ
大赤斑
気圧の高いところ
ガスの下降
ガスの上昇
ガスの下降

▲**大赤斑の連続写真** ハッブル宇宙望遠鏡が撮影した画像で、大赤斑の変化がよくわかります。

◀ **大赤斑のしくみ**

　大赤斑を切り取ってみたところです。下から上がってくるガスや周囲の下降するガスなど、まわりから受けるエネルギー量がつり合っているので、そこにあり続けていると考えられています。

121

星★星座クイズ 太陽系

クイズ48

環のある惑星は

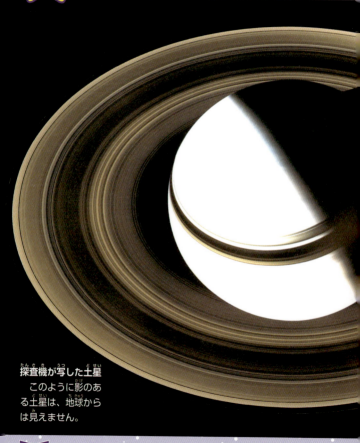

探査機が写した土星
このように影のある土星は、地球からは見えません。

土星のほかにいくつある？

1 3　**2** 2　**3** 1

土星は、美しい環をもつことで有名です。土星ほどはっきりとしていませんが太陽系にはほかにも環をもつ惑星があります。いくつあるでしょう？

▲土星の環は、小型の望遠鏡でもはっきり見ることができます。

星★星座クイズ 太陽系

クイズ48 答え 1

3

土星をふくむ「木星型惑星」といわれる4つの惑星には環があります。土星の環は、小さな氷や岩石の粒からできています。ほかの惑星の環は、ちりなどからできていると考えられています。

土星→ 多くの細い環が集まって板のように見えます。

木星→ 細い4つの環があります。探査機ボイジャー1号によって確認されました。

海王星→ 探査機ボイジャー2号によって、5本の環が確認されました。

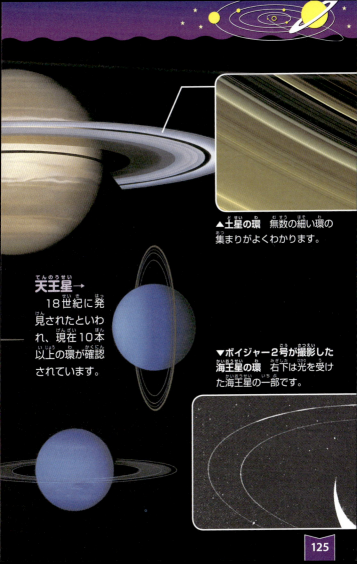

▲土星の環 無数の細い環の集まりがよくわかります。

天王星→
18世紀に発見されたといわれ、現在10本以上の環が確認されています。

▼ボイジャー2号が撮影した海王星の環 右下は光を受けた海王星の一部です。

星★星座クイズ 太陽系

クイズ49 流星群があらわれる

流星群は、毎年同じ時期に決まった星座の方向からあらわれます。その原因となっているのは？

原因は？

1. 小惑星
2. 彗星
3. 太陽風

しし座流星群
毎年11月の半ばごろに、しし座の方向から飛び出すようにあらわれます。

クイズ49 答え ２ 彗星

流星群のあらわれるしくみ

　太陽のまわりをまわる地球の通り道（軌道）には、いくつもの彗星の通り道が交差していて、彗星が残していったたくさんのちりが浮かんでいます。毎年同じ時期に地球がそこを通り抜けるときにはたくさんのちりが地球の大気に飛び込んできて光るので、流星群となって見えるのです。

彗星

彗星の軌道

太陽

地球の軌道

流星群は1点の方向からあらわれる

右の図のように、流星群の流星は、みな空の中の1点（輻射点という）方向からあらわれます。（図はしし座流星群のようす）

輻射点
γ ガンマ
レグルス
しし座
東

彗星の出したちり

地球

星★星座クイズ　太陽系

クイズ50 彗星はどこからやってくる?

1 太陽から

2 小惑星帯から

3 太陽系の果てから

彗星には、ハレー彗星のように、やってくる周期がわかっているものや、突然あらわれるものなどさまざまです。どこからやってくるのでしょう？

▲ヘール・ボップ彗星
1997年に太陽にもっとも近づきました、つぎにやってくるのは2400年後です。

◀ハレー彗星
1986年にあらわれたときの姿です。つぎに見られるのは2061年です。

131

星★星座クイズ　太陽系

クイズ50 答え ③ 太陽系の果て

オールトの雲

太陽系の惑星軌道

太陽系外縁天体

彗星のふるさと

　1950年、オランダのオールトは、惑星の軌道のはるか外側に、太陽系全体を球状につつみ込むような「彗星の巣」があり、何らかの原因でそこを飛び出した天体が、彗星として太陽の近くにやってくると発表しました。これは「オールトの雲」とよばれていて、長い周期の彗星のふるさとと考えられています。一方、短い周期の彗星は、惑星軌道の外側の太陽系外縁天体（左図）からくるといわれています。

太陽に近づくと尾ができる

　彗星が太陽から遠くにあるときは尾はなく、太陽に近づいたときだけ尾ができます。尾は、太陽からの影響を受けているので、かならず太陽の反対側にできます。

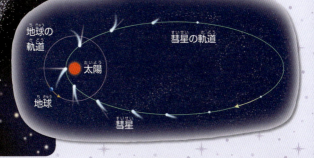

彗星の核の正体は

山の上に見える彗星
　1997年にもっとも明るく観測されたヘール・ボップ彗星です。

なに？

彗星は太陽に近づくと核からちりなどをふき出して長い尾をつくります。その核の正体とは？

1 氷と岩石のちりのかたまり

2 鉄のかたまり

3 大きな岩石

星★星座クイズ 太陽系

クイズ51 答え ① 氷と岩石のちりのかたまり

いろいろな彗星の核

どれも彗星探査機が核に近づいて撮影しました。

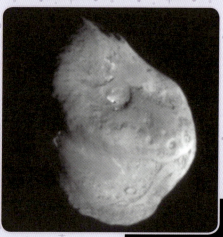

◀ **テンペル彗星の核**
核の大きさは7.6km×4.9kmでジャガイモ形です。調査では「泥」の多い核でした。

ハートレー彗星の核 ▶
核の長さは1.5kmくらいです。ちりをふき出すようすがよくわかります。

136

彗星の尾のでき方

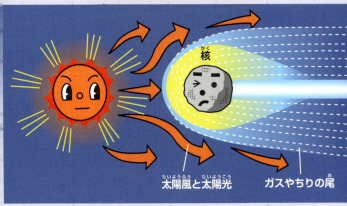

太陽風と太陽光　ガスやちりの尾

太陽から遠いときは尾はありません。太陽に近づくと太陽から出ている太陽風（電気をおびた高温の粒子）によって、核からガスやちりがジェットとしてふき出し、尾が太陽の反対側にのびます。

核　ふき出すガスやちり

▲ ハレー彗星の核

前回は1986年に、太陽に近づきました。核は長い部分で16kmくらい、谷やクレーターもありました。

星★星座クイズ 太陽系

クイズ52 太陽まで新幹線で行くとどれくらいかかる？
1. 約37年　2. 約57年
3. 約77年

クイズ53 月まで新幹線で行くとどれくらいかかる？
1. 約34日　2. 約54日
3. 約74日

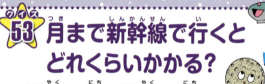

クイズ54 太陽系の惑星の数はいくつ？
1. 8個　2. 9個　3. 10個

クイズ55 太陽系最大の惑星は？
1. 海王星　2. 土星　3. 木星

クイズ56 太陽系最小の惑星は？
1 水星　2 火星　3 金星

クイズ57 地球のようにつくりが岩石ではない惑星は？
1 水星　2 天王星　3 火星

クイズ58 木星のガリレオ衛星でないのは？
1 タイタン　2 エウロパ　3 ガニメデ

クイズ59 小惑星帯のある軌道は？
1 土星と木星の間
2 火星と木星の間
3 火星と地球の間

▶小惑星帯の小惑星イーダ

星★星座クイズ 太陽系

クイズ52 答え ② 約57年

太陽までの距離が約1億5000万km。新幹線の時速は300km以上です。

クイズ53 答え ② 約54日

時速4kmで歩いた場合には約11年かかります。

クイズ54 答え ① 8個

水星、金星、地球、火星、木星、土星、天王星、海王星の8個です。

クイズ55 答え ③ 木星

直径約14万3000km、地球の約11倍です。

▶木星と地球の大きさ

クイズ56 答え 1 水星

水星／地球

地球の5分の2より小さい直径約4900km。

クイズ57 答え 2 天王星

天王星は、ガスでできた「木星型惑星」です。

クイズ58 答え 1 タイタン

タイタンは土星の衛星です。

クイズ59 答え 2 火星と木星の間

ドーナッツ状の群れで太陽のまわりをまわっています。小惑星帯以外に、自由な軌道をもつ小惑星もあります。

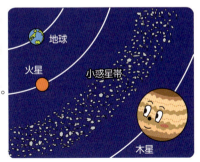

星★星座クイズ 太陽系

クイズ60 大気のない惑星は？
1 水星　2 金星　3 火星

クイズ61 太陽から見て横だおしのままで公転している惑星は？
1 金星　2 天王星　3 海王星

クイズ62 海王星の発見者は？
1 ガリレオ　2 ケプラー　3 ガレ

クイズ63 冥王星の発見者は？
1 ニュートン　2 トンボー　3 ホイヘンス

クイズ64 冥王星の分類は？
1. 微惑星 2. 小惑星 3. 準惑星

クイズ65 水星の1年は地球の何日？
1. 約88日 2. 約99日 3. 約111日

クイズ66 海王星の1年は地球の何年？
1. 約55年 2. 約105年 3. 約165年

クイズ67 ハレー彗星のやってくる周期は？
1. 約35年
2. 約75年
3. 約155年

▶ハレー彗星

星★星座クイズ 太陽系

クイズ60 答え 1 水星
金星と火星には大気があります。

クイズ61 答え 2 天王星
大昔、ほかの天体がしょう突して横だおしなったと考えられています。

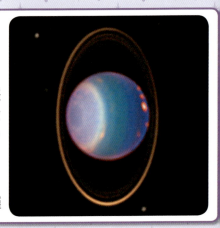

▶天王星

クイズ62 答え 3 ガレ
1846年に、ドイツのガレが発見しました。

クイズ63 答え 2 トンボー
1930年、トンボーによって発見されました。

クイズ64 答え ③ 準惑星

2006年、準惑星という分類ができ、惑星ではなくなりました。

クイズ65 答え ① 約88日

太陽に近いほど公転周期は速くなります。

クイズ66 答え

③ 約165年

太陽と地球の距離の約30倍の距離の軌道をまわっています。

▶海王星

クイズ67 答え ② 約75年

公転周期は75.3年。次回は2061年にやってくる予定です。

145

クイズ68 いちばん温度の高い恒星は？

3つの色の違う明るい星は、それぞれ温度も違います。どれがいちばん高温？

↓ **1 シリウス**
冬の星座おおいぬ座の1等星で、8.6光年のところにあります

2 ➡
プロキオン

冬の星座こい
ぬ座の1等星で、
11光年のとこ
ろにあります。

3 ベテルギウス

オリオン座の
1等星で、498
光年のところに
あります。

クイズ68 答え ① シリウス

星の温度と星の明るさを示すHR図

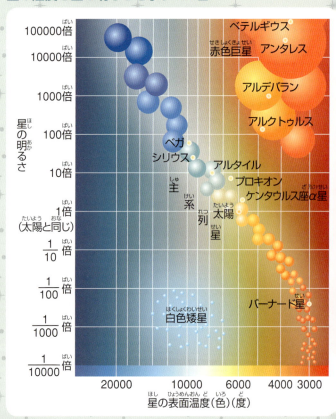

星の明るさと等級

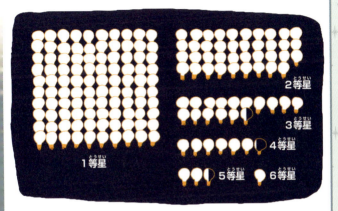

星の明るさのランク付けを等級といいます。数が大きな星ほど暗く、6等星になると1等星の100分の1の明るさしかありません。逆に0等星より明るい場合は、-2等星というように、マイナスをつけます。

◀この図は、たて軸は太陽を1とした星の明るさで示し、よこ軸は星の表面温度で色も表しています。赤っぽい色の星は3000度くらいなのに対し青っぽい色の星は1万度以上です。この図によって、その星の種類を知ることができます。

星★星座クイズ 恒星と銀河

クイズ69 オリオン座大星雲は

オリオン座にあるオリオン座大星雲は、小さな双眼鏡でも見ることができます。さてどれでしょう。

↑ 1 干潟に似たかたちの星雲で、この中で星が生まれています。

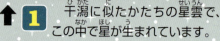

➡ **3**
はばたく鳥のように見える星雲です。星が生まれる場所です。

⬅

2
カニの甲らのように見える星雲で、大きな星の最後の姿です。

星★星座クイズ 恒星と銀河

クイズ69 答え オリオン座大星雲は→ 3

1は、いて座の干潟星雲
2は、おうし座のカニ星雲

　オリオン座の三つ星の下に見える明るい星の光を反射して光る散光星雲で、地球から約1500光年のところにあります。ガス星雲の中央には青白く光る若い星が見られます。この星雲からはたくさんの星が生まれつつあります。

▶オリオン座とオリオン座大星雲（M42）の場所

オリオン座

ベテルギウス

M42

リゲル

分かりやすい場所にあるのね。

153

星★星座クイズ 恒星と銀河

クイズ70 くじら座のミラの

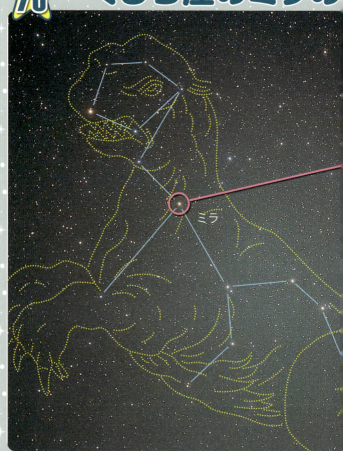

ミラ

154

特徴は？

秋の星座くじら座の心臓のあたりにあるミラという星は、ほかの星と少しようすが違っています。何が違っているのでしょう？

◀▲くじら座（左）とミラ（上）

1. 位置が変わる
2. 明るさが変わる
3. すばやく点滅する

155

星★星座クイズ 恒星と銀河

クイズ70 答え ② 明るさが変わる

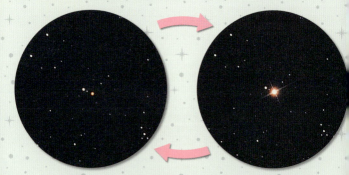

▲暗くなったり（左）明るくなったり（右）をくり返しています。ミラには「不思議なもの」という意味があります。

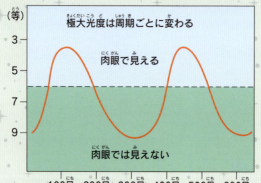

極大光度は周期ごとに変わる

肉眼で見える

肉眼では見えない

▲ミラの明るさの変化のグラフ
たては明るさを星の等級で表しています（数が少ないほど明るい）

ふくらんだり縮んだりして明るさを変えるミラ

　ミラは332日の周期で明るさを変える星で、いちばん暗いときには星が消えてしまったように肉眼では見えなくなります。このような星を「変光星」といいます。ミラは年老いて不安定になった星で、大きくふくらんだり縮んだりしているためこのように見えるのです。このような変光星を、とくに「脈動変光星」といいます。

2つの星がかくしあって明るさを変える星

　2つの星がおたがいをまわりあっている「連星」では、地球から見る方向によって、2つの星がおたがいをかくしあうので、星の明るさが変わります。このような星を「食変光星」といいます。ペルセウス座のアルゴルなどが有名です。

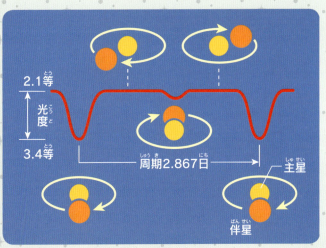

▲食変光星アルゴルの動きと明るさの変化のようす

157

星★星座クイズ 恒星と銀河

クイズ71 「天の川」の星の数は

あわく光る大河のように見える天の川は、じつは無数の星の集まりです。一体いくつくらいあるのでしょう。

1 約2000個
2 約2000万個
3 約2000億個

いくつある？

天の川
いて座の方向に見える、天の川の姿で、とくに星が集まっています。

星★星座クイズ 恒星と銀河

クイズ71 答え ③ 約2000億個

　天の川は、じつはわたしたちの太陽系をふくむ星の大集団を内側から見たところなのです。この大集団は「銀河系」または「天の川銀河」とよばれています。銀河系の星の集団は渦を巻いた円盤状（銀河円盤）で、上の図のような姿をしています。直径はおよそ10万光年です。

銀河円盤の姿

▼銀河系の全体の姿
　銀河円盤をさらに直径25万〜100万光年の球状のハローが取りまいていて、球状星団などが散らばっています。

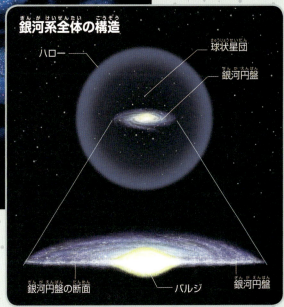

銀河系全体の構造

ハロー ／ 球状星団 ／ 銀河円盤 ／ 銀河円盤の断面 ／ バルジ ／ 銀河円盤

星★星座クイズ 恒星と銀河

クイズ72 アンドロメダ銀河は

アンドロメダ座にあるアンドロメダ銀河は、銀河系と同じ無数の星の集まりです。

↑ 1
南米の帽子のような形の銀河です。

2 →
黒い部分が特徴的な銀河です

どれ？

↑ 3
銀河系の近くにある銀河です。

星★星座クイズ 恒星と銀河

クイズ72 答え　アンドロメダ銀河は→ 3

アンドロメダ銀河の姿

　わたしたちの銀河系よりも1.5倍も大きな渦巻き銀河で、2つの小さな銀河を引き連れています（伴銀河といいます）。写真はななめから見ているので細長いだ円に見えます。双眼鏡で見ることができる銀河です。

1 の銀河の正体

おとめ座のソンブレロ銀河といい、約4600万光年のところにあります。（ソンブレロは南米の帽子のこと）

2 の銀河の正体

かみのけ座の方向の約1600万光年のところにあります。そのようすから「黒目銀河」ともいわれています。

星★星座クイズ 恒星と銀河

クイズ73 太陽にいちばん近い恒星は?
1. ケンタウルス座アルファ星
2. おおいぬ座アルファ星
3. こいぬ座アルファ星

クイズ74 オリオン座大星雲までの距離は?
1. 15光年
2. 150光年
3. 1500光年

クイズ75 全天でいちばん明るいシリウスの本当の大きさは?

▲シリウス

1. 太陽と同じ
2. 太陽の1.8倍
3. 太陽の180倍

クイズ76 パルサーとよばれる星の正体は?
1. 中性子星
2. ブラックホール
3. 白色矮星

クイズ77 銀河系にいちばん近い銀河は？
1 大マゼラン雲 2 小マゼラン雲
3 おおいぬ座矮小銀河

クイズ78 恒星が光るのは？
1 光を反射しているから
2 中で「核分裂反応」を起こしているから
3 中で「核融合反応」を起こしているから

クイズ79 地球と重さ（質量）が同じブラックホールの大きさは？
1 直径18mm 2 直径18m 3 直径180m

クイズ80 ブラックホールの候補といわれている星は？
1 からす座X-1 2 わし座X-1
3 はくちょう座X-1

星★星座クイズ　恒星と銀河

クイズ73　答え　1　ケンタウルス座アルファ星

この星は三重連星で、その中のひとつが4.2光年と最も近い。

クイズ74　答え　3　1500光年

暗くすんだ空なら肉眼でも見られます。

クイズ75　答え　2　太陽の1.8倍

比較的近いので明るく見えるのです。

クイズ76　答え　1　中性子星

強い電波（パルス）を出すのでこうよばれます。

クイズ77　答え　3　おおいぬ座矮小銀河

太陽から約2万5000光年の距離にあります。

168

クイズ78 答え

③ 中で「核融合反応」を起こしているから

星の中心で起きている莫大なエネルギーをつくり出す反応です。

クイズ79 答え ① 直径18mm

ブラックホールは想像を絶する重さの天体です。

▲実物大

クイズ80 答え ③ はくちょう座X-1

はくちょう座の首の中ほどにある天体です。

星★星座クイズ 宇宙開発

クイズ81 国際宇宙ステーションの日本の実験棟の名前は？

軌道上の国際宇宙ステーション
長さが108.5m、重さは約420トンあります。矢印の部分が日本の実験棟です。

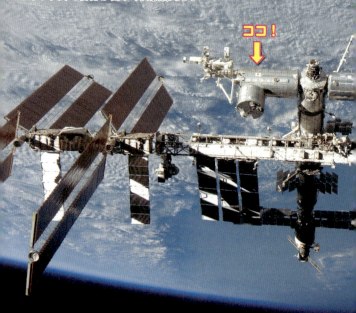

ココ！

国際宇宙ステーションには、日本の実験棟があり、そこでは実験や観察が行われています。その実験施設の名前は？

1 さきがけ　2 はやぶさ　3 きぼう

▶日本の実験棟
向かって左側の円柱が2つ組合わさったブロックです。

星★星座クイズ 宇宙開発

クイズ81 答え ③ きぼう

「きぼう」日本実験棟のしくみ

与圧部、補給部、暴露部、ロボットアームからできています。

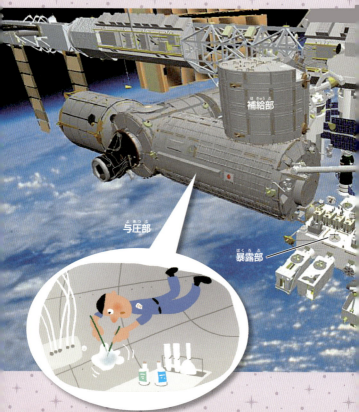

補給部
与圧部
暴露部

宇宙航空研究開発機構（JAXA）ホームページ http://www.jaxa.jp/

出典JAXA/NASA

ロボットアーム

出典JAXA

▲「きぼう」日本実験棟の内部で作業する日本の星出JAXA宇宙飛行士

「きぼう」日本実験棟には、実験を行う「与圧部」と実験装置や材料をたくわえる「補給部」、外側で作業する「暴露部」と「ロボットアーム」のおもに4つの部分からできています。弱い重力や真空状態を利用した、宇宙ならではの実験が行われています。

星★星座クイズ 宇宙開発

クイズ 82 NASAの宇宙望遠鏡の名前は？

1990年、NASA（アメリカ航空宇宙局）が打ち上げた地上約600㎞に浮かぶ宇宙望遠鏡の名前は？

1 ガリレオ宇宙望遠鏡

2 ハッブル宇宙望遠鏡

3 ハーシェル宇宙望遠鏡

望遠鏡本体
太陽電池パネル
アンテナ

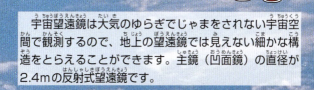

宇宙望遠鏡は大気のゆらぎでじゃまをされない宇宙空間で観測するので、地上の望遠鏡では見えない細かな構造をとらえることができます。主鏡（凹面鏡）の直径が2.4mの反射式望遠鏡です。

星★星座クイズ　宇宙開発

クイズ82 答え

2 ハッブル宇宙望遠鏡

▶ウィルソン山天文台の大望遠鏡で観測中のハッブル

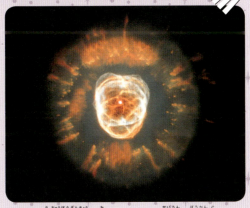

ハッブル宇宙望遠鏡で見たエスキモー星雲 防寒具をかぶった顔のように見えるのでこの名があります。ハッブル宇宙望遠鏡は、天文学の発達に大きく貢献しています。

天文学者ハッブル

　ハッブル宇宙望遠鏡の名は、宇宙が膨張していることを発見したエドウィン・ハッブル（1889〜1953）にちなんでつけられました。ハッブルは大学のころはヘビーウエイト級のボクサー、卒業後は法律関係の仕事をしていたものの、その後、天文学者になったという変わった経歴の持ち主です。アンドロメダ銀河が、銀河系の外側にあることを発見したのもハッブルでした。

177

星★星座クイズ 宇宙開発

クイズ83 宇宙服のねだんは？

1. 約9000万円
2. 約9億円
3. 約90億円

宇宙服には、服のほかに生命を維持するためのさまざまな装置がセットされています。NASA（アメリカ航空宇宙局）が開発した1着分の宇宙服のねだんは？

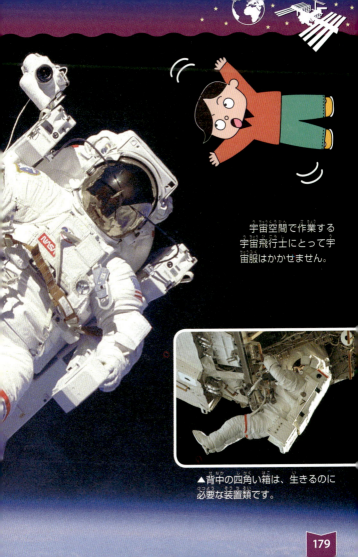

宇宙空間で作業する宇宙飛行士にとって宇宙服はかかせません。

▲背中の四角い箱は、生きるのに必要な装置類です。

179

星★星座クイズ 宇宙開発

クイズ83 答え ② 約9億円

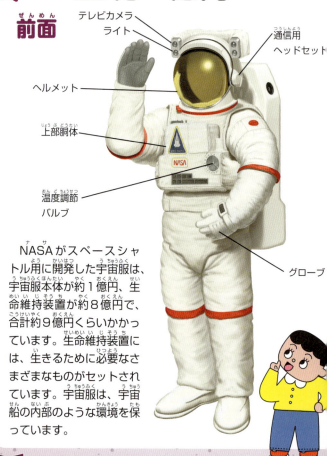

前面
- テレビカメラ
- ライト
- 通信用ヘッドセット
- ヘルメット
- 上部胴体
- 温度調節バルブ
- グローブ

NASAがスペースシャトル用に開発した宇宙服は、宇宙服本体が約1億円、生命維持装置が約8億円で、合計約9億円くらいかかっています。生命維持装置には、生きるために必要なさまざまなものがセットされています。宇宙服は、宇宙船の内部のような環境を保っています。

180

宇宙服のしくみ

背面

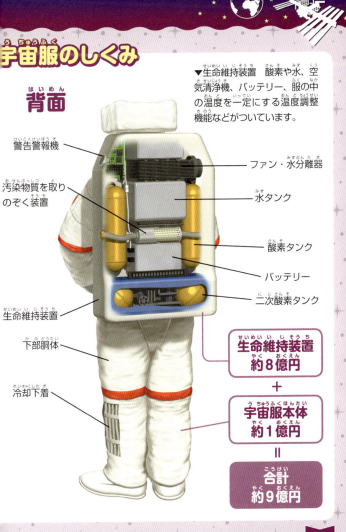

▼生命維持装置　酸素や水、空気清浄機、バッテリー、服の中の温度を一定にする温度調整機能などがついています。

- 警告警報機
- 汚染物質を取りのぞく装置
- 生命維持装置
- 下部胴体
- 冷却下着
- ファン・水分離器
- 水タンク
- 酸素タンク
- バッテリー
- 二次酸素タンク

生命維持装置　約8億円
＋
宇宙服本体　約1億円
＝
合計　約9億円

星★星座クイズ 宇宙開発

クイズ84 日本のすばる望遠鏡の

182

口径は？　日本がほこるすばる望遠鏡は、反射式で巨大な反射鏡が使われています。その口径（直径）は？

1 4.2m　**2** 6.2m　**3** 8.2m

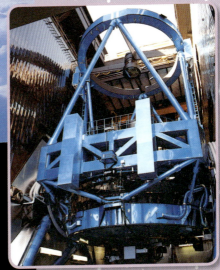

▶**すばる望遠鏡のドーム**
ハワイの標高4205mのマウナケア山の山頂にあります。空気のゆらぎが少なく、湿度も低いので観測に適した場所です。右は望遠鏡本体。

ⓒ国立天文台

星★星座クイズ 宇宙開発

クイズ84 答え ③ 8.2m

すばる望遠鏡のしくみ

副鏡
主鏡が集めた宇宙からの光は、いったんこの反射鏡に集まります

鏡筒
（骨組み）

架台
リニアモーターつきでどの方向にも動きます。

主鏡

口径8.2mの反射鏡で、はるか彼方の宇宙の光をキャッチします。特殊なガラスでつくられた1枚鏡で、鏡の裏からは「アクチュエーター」という261本の指のような装置が支え、ゆがみが起きないように調節しています。

すばる望遠鏡は反射式望遠鏡で、一枚式の口径8.2mの主鏡は、かつて世界最大級でした。重い主鏡が自分の重みでゆがむのを防ぐ工夫や、風の強い山頂にあるため、ドームに風の影響を受けない工夫などがされています。

TMT－これからの望遠鏡

TMT（30m望遠鏡）は、日本、アメリカ、カナダ、中国、インドが協力してマウナケア山に計画中の望遠鏡です。30mの主鏡で光を集める能力は、いままでの望遠鏡の10倍以上、解像度もハッブル宇宙望遠鏡の10倍です。2021年の観測開始をめざしています。（上は想像図）

Ⓒ国立天文台TMT推進室

クイズ85 探査機「はやぶさ」が

「はやぶさ」は、2003年に打ち上げられ、2005年に目的の小惑星に到着し調査や物質の採集を行いました。（想像図）

小惑星表面のサンプルを採集する装置

イラスト提供JAXA

この小惑星のことだね。